记住乡愁

——留给孩子们的中国民俗文化

刘魁立◎主编

第十二辑　民间技艺辑

本辑主编　孙冬宁　沈华菊

家具

卢　坤◎编著

黑龙江少年儿童出版社

编委会

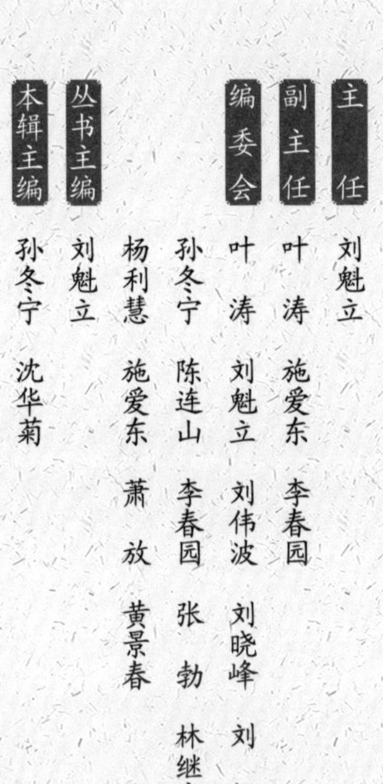

主任：刘魁立

副主任：叶涛　施爱东　李春园

编委会：叶涛　刘魁立　刘伟波　刘晓峰　刘托　孙冬宁　陈连山　李春园　张勃　林继富　杨利慧　施爱东　萧放　黄景春

丛书主编：刘魁立

本辑主编：孙冬宁　沈华菊

序

亲爱的小读者们，身为中国人，你们了解中华民族的民俗文化吗？如果有所了解的话，你们又了解多少呢？

或许，你们认为熟知那些过去的事情是大人们的事，我们小孩儿不容易弄懂，也没必要弄懂那些事情。

其实，传统民俗文化的内涵极为丰富，它既不神秘也不深奥，与每个人的关系十分密切，它随时随地围绕在我们身边，贯穿于整个人生的每一天。

中华民族有很多传统节日，每逢节日都有一些传统民俗文化活动，比如端午节吃粽子，听大人们讲屈原为国为民愤投汨罗江的故事；八月中秋望着圆圆的明月，遐想嫦娥奔月、吴刚伐桂的传说，等等。

我国是一个统一的多民族国家，有56个民族，每个民族都有丰富多彩的文化和风俗习惯，这些不同民族的民俗文化共同构筑了中国民俗文化。或许你们听说过藏族长篇史诗《格萨尔王传》

中格萨尔王的英雄气概、蒙古族智慧的化身——巴拉根仓的机智与诙谐、维吾尔族世界闻名的智者——阿凡提的睿智与幽默、壮族歌仙刘三姐的聪慧机敏与歌如泉涌……如果这些你们都有所了解，那就说明你们已经走进了中华民族传统民俗文化的王国。

你们也许看过京剧、木偶戏、皮影戏，看过踩高跷、耍龙灯，欣赏过威风锣鼓，这些都是我们中华民族为世界贡献的艺术珍品。你们或许也欣赏过中国古琴演奏，那是中华文化中的瑰宝。1977年9月5日美国发射的“旅行者1号”探测器上所载的向外太空传达人类声音的金光盘上面，就录制了我国古琴大师管平湖演奏的中国古琴名曲——《流水》。

北京天安门东西两侧设有太庙和社稷坛，那是旧时皇帝举行仪式祭祀祖先和祭祀谷神及土地的地方。另外，在北京城的南北东西四个方位建有天坛、地坛、日坛和月坛，这些地方曾经是皇帝率领百官祭拜天、地、日、月的神圣场所。这些仪式活动说明，我们中国人自古就认为自己是自然的组成部分，因而崇信自然、融入自然，与自然和谐相处。

如今民间仍保存的奉祀关公和妈祖的习俗，则体现了中国人崇尚仁义礼智信、进行自我道德教育的意愿，表达了祈望平安顺达和扶危救困的诉求。

小读者们，你们养过蚕宝宝吗？原产于中国的蚕，真称得上伟大的小生物。蚕宝宝的一生从芝麻粒儿大小的蚕卵算起，中间经历蚁蚕、蚕宝宝、结茧吐丝等过程，到破茧成蛾结束，总共四十余天，却能为我们贡献约一千米长的蚕丝。我国历史悠久的养蚕、丝绸织绣技术自西汉“丝绸之路”诞生那天起就成为东方文明的传播者和象征，为促进人类文明的发展做出了不可磨灭的贡献！

小读者们，你们到过烧造瓷器的窑口，见过工匠师傅们拉坯、上釉、烧窑吗？中国是瓷器的故乡，我们的陶瓷技艺同样为人类文明的发展做出了巨大贡献！中国的英文国名“China”，就是由英文“china”（瓷器）一词转义而来的。

中国的历法、二十四节气、珠算、中医知识体系，都是中华民族传统文化宝库中的珍品。

让我们深感骄傲的中国传统民俗文化博大精深、丰富多彩，课本中的内容是难以囊括的。每向这个领域多迈进一步，你们对历史的认知、对人生的感悟、对生活的热爱与奋斗就会更进一分。

作为中国人，无论你身在何处，那与生俱来的充满民族文化DNA的血液将伴随你的一生，乡音难改，乡情难忘，乡愁恒久。这是你的根，这是你的魂，这种民族文化的传统体现在你身上，是你身份的标识，也是我们作为中国人彼此认同的依据，它作为一种凝聚的力量，把我们整个中华民族大家庭紧紧地联系在一起。

《记住乡愁——留给孩子们的中国民俗文化》丛书，为小读者们全面介绍了传统民俗文化的丰富内容：包括民间史诗传说故事、传统民间节日、民间信仰、礼仪习俗、民间游戏、中国古代建筑技艺、民间手工艺……

各辑的主编、各册的作者，都是相关领域的专家。他们以适合儿童的文笔，选配大量图片，简约精当地介绍每一个专题，希望小读者们读来兴趣盎然、收获颇丰。

在你们阅读的过程中，也许你们的长辈会向你们说起他们曾经的往事，讲讲他们的“乡愁”。那时，你们也许会觉得生活充满了意趣。希望这套丛书能使你们更加珍爱中国的传统民俗文化，让你们为生为中国人而自豪，长大后为中华民族的伟大复兴做出自己的贡献！

亲爱的小读者们，祝你们健康快乐！

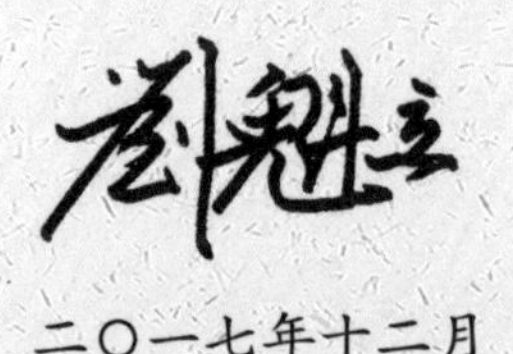

二〇一七年十二月

目录

家具，从历史中慢慢走来

新经典

家具，从历史中慢慢走来

“席地而坐”的生活——战国、秦汉及之前时期家具

在中国古代，距离现在非常遥远的商朝和周朝，那时的社会经济不发达，制作技术水平也比较低下，可供人们使用的家具还没有那么多，种类非常少。人们的家具很简单，在很长的一段时间里，古人大都“席地而坐”。

虽然那时制作工具很少，但是聪明的古人却已成熟地掌握了冶炼金属的技术。商、周时期，一些实用的铁器和精美的青铜器被大量制作。在这些青铜器中，有被称作铜禁、铜俎的器物，它们是我国早期家具的雏形。“禁”的形象代表后来的箱子、橱子、柜子的类型，“俎”的形象代表后来的桌子、案子的类型。1979年河南淅川下寺楚墓出土的春秋晚期多层云纹铜禁，造

春秋晚期多层云纹铜禁

春秋时期铜俎

型特别精美。

西周以后，木家具逐渐增多。在《诗经》《左传》的记载中，这一时期的木家具已有床、几、扆（屏风）、箱子和衣架等。

中国古人很早就懂得取漆树的汁液调漆。漆可配成多种色彩，也能保护器物。东周时期留存的漆木家具较多，其中黄河中游、下游出土的漆箱等家具上还绘有漂亮的图案。

江汉、江淮地区楚墓出土的座屏、几、案等漆木家具，大多造型优美，纹饰流畅。

在战国和秦汉时期，人们的生活方式为席地而坐，因此家具都很低矮。但与前朝相比较，家具出现了很多新品种。

战国时期的木家具普遍涂刷漆料，漆木家具处于发展时期，种类繁多，而且富丽端庄。1957 年河南信阳战国楚墓出土的漆案，案角镶铜，案足铜制，案面使用髹漆工艺并有彩绘装饰；六足漆绘围栏大木床采用髹漆工艺，彩绘花纹，工艺精湛，装饰华丽。1978 年湖北随县战国早期曾侯乙墓出土的二十八星宿图衣箱，黑漆作底，朱漆绘二十八星宿图等纹饰，盖面上围绕代表北斗的“斗”字还绘有青龙、白虎图像。这些都反映了当时漆木家具的兴盛。

秦统一六国，建立秦朝，结束了春秋战国时期常年战乱的局面。但秦朝的残暴统治很快就使得国家灭亡，取而代之的是汉朝。在汉朝皇帝的开明统治下，汉朝的经济和文化水平都有了很大的提高，家具也逐渐兴盛起来。汉朝的墓葬壁画中有很多描绘的是墓主人生前的生活场景，在这些墓葬壁画上，能清楚地看到墓主人用到的家具，如屏风、矮榻等。从汉代的画像石、画像砖和墓葬壁画可以看出，屏风已被广泛使用。

贵气的“月牙凳”和尊贵的榻——唐代时期家具

唐代是中国历史上非常

战国时期二十八星宿图衣箱示意图

战国时期六足漆绘围栏大木床示意图

汉代巴蜀画像砖拓片描绘古人席地而坐

东汉壁画《夫妇宴饮图》男女主人公坐在榻上

繁华和开放的一个朝代，经济繁荣、百姓安居乐业，富饶的经济使人们以追求奢华为时尚，家具呈现出华丽润妍、丰满端庄的风格。

唐代《宫乐图》中的桌和凳

唐代阎立本《步辇图》中的独坐榻

唐代《戏婴图》中的榻造型

唐代以前的魏晋时期，已经出现了一些低矮的椅子和凳子，唐代人们的生活习惯并不全是席地而坐了。

今天，我们在一些唐代大画家的画中经常看到一种形状奇怪的凳子，这种凳子的坐面形状如同月牙，因此称为“月牙凳”，凳面中间略微向下沉。甭小看这一张凳子，它可是唐代富贵人家才能用到的家具，也是贵族妇女的闺房必备。月牙凳体态敦厚、装饰华丽，与唐代贵族妇女胖胖的形象非常谐和，因此它也叫作“腰圆凳”。唐代《宫乐图》中的餐桌十分庞大，装饰华丽，而围绕着餐桌的贵妇们都坐在红色月牙凳上面。

唐代榻的类型比之前的魏晋时期有所增多，唐代大画家阎立本的《步辇图》描绘了西域使者来长安拜见李世民的场景，唐太宗李世民盘膝坐在由宫女抬起的独坐榻之上。与此类似的是在阎立本的另一幅画《历代帝王图》中，也有很多盘腿坐在榻上的皇帝，尤其是独坐榻，代表着身份和地位的尊贵。

|唐代卢楞伽《六尊者像》中的禅椅和条案|

|唐代卢楞伽《六尊者像》中的禅椅和花儿|

“垂足而坐”的萌芽——佛教家具的出现

从商周到秦汉、再到盛唐的很长一段时期，人们的起居坐卧方式基本上是以席地而坐为主。从皇室贵族到平民百姓，都形成了一系列围绕着席地而坐的礼仪和规矩，在这种文化氛围的影响下，当时的家具也都围绕着这些礼节而设计。

佛教在东汉末年从西域传入中国，后在唐代皇室的推崇下一度兴盛，很多地方纷纷修建寺庙、开凿石窟并且供养僧人。这一时期出现了很多供僧人打坐参禅的家具，其中最有名的莫过于禅床了。禅床和后来的椅子十分类似，但又有所不同。它较普通床高，下面有脚踏可放置鞋子，方便僧人打坐参禅，还能够让人把腿自然垂下，垂足而坐。有些禅床的床面上还有简单的支架用来挂置衣物，很像后来椅子的靠背部分。

同时，这一时期，为了搭配主体家具的使用，也出现了很多造型新颖的家具，用以作为陈设和摆放礼器之用。从上至下的信仰兴盛导致出现了可供奉或祭拜佛像而用的高高的条案、搁置香炉的香几以及摆放花瓶的花几等。

在佛教的影响下，中国古代的家具开始慢慢丰富起来，种类也开始增多。

士大夫的雅致追求——五代时期家具

五代时期，虽然有频繁的小规模战乱，但是这一时期传统文化还是取得了发展。五代时有一些比较富裕的文人，他们多有官职且自身文化素养较高，被称作“士大夫”，他们追求一种高雅的生活，而他们所用的家具，正是这一时期的真实反映。

五代时期的家具使用率比较高的当属屏风了。屏风最早出现在商周时期，属于早期的家具类型。屏风比较素雅，不但能分隔空间，屏风面还能够写诗作画，所以很受五代时期文人士大夫的喜欢。

五代画家顾闳中曾画了一幅名画《韩熙载夜宴图》。图中的主人公韩熙载是当时南唐的大臣，一位典型的士大夫。他为了躲避当时黑暗的宫廷斗争，保全自己的身家性命，整日在家里举办歌舞宴会，夜宴十分热闹：歌伎弹奏乐曲，舞伎翩翩起舞，宾客相饮而乐。在这幅夜宴图中，我们可以看到很多家具：床、椅子、桌子、屏风、衣架等。这些家具的样子都

五代顾闳中《韩熙载夜宴图》（局部）中的家具

很简单，却十分美观，显得古朴大气而且稳重。

而在另一位画家周文矩的《重屏会棋图》中，除了上面我们看到的屏风，还有另外几种不一样的家具：长条形的榻、宽而低的榻，人既可以坐在上面，也可以躺在上面，真是功能特别齐全。仔细观察，我们还能看到画面右侧的长条榻上的一个皮箱和精致的木盒子呢。

从上面两幅图中可以看出五代时期的家具类型已经比较丰富，种类也开始增多，很多家具已经被普遍使

五代周文矩《重屏会棋图》中的家具

用了，如案、桌子、凳子、椅子、藤墩、床、榻、衣架、箱子、柜子等。五代时期的家具，成为中国传统家具的一个过渡。

丰富实用的宋代时期家具

宋代是中国封建王朝中文化最发达的一个朝代。宋

代的皇帝非常重视文化。在此期间，传统家具的制作也得到了迅速发展。首先是垂足而坐的椅、凳等高脚坐具已普及民间，基本结束了席地而坐的习俗；其次是家具开始十分注重美观的造型和牢固科学的结构。

宋代苏汉臣《婴戏图》中的开光圆墩

宋代家具以造型淳朴纤秀、结构合理精细为主要特

宋代李嵩《听阮图》中的家具

宋代刘松年《罗汉图》中的屏风和藤编坐墩

宋代刘松年《罗汉图》中的禅椅和香几

征。此外，宋代家具还重视外形尺寸和人体结构的关系，让人使用起来十分舒适和方便。

宋代很多画家经常把家具画在画作上作为点缀和衬托，从这些画作里看，宋代的家具十分漂亮。

宋代家具有开光鼓墩、交椅、高几、琴桌、炕桌、盆架、落地灯架、带抽屉的桌子、镜台等。宋代还出现了中国最早的组合家具，称为“燕几”。燕几在世界家具史上也是最早出现的组合家具。

传统家具的兴盛——明、清时期家具

明代中叶（16 世纪），随着社会经济和手工业的进一步发展，传统家具的制作也又一次进入繁荣时期。明代的家具不仅种类齐全，而且样式繁多。这一时期江南一带的许多文人、画家与工匠们一道参与家具的设计，从而促成了明代家具的大发展。这一时期江南苏州、常州、南通等一带的家具用材考究，造型朴实大方，制作严谨准确，结构合理规范，逐渐形成稳定、鲜明的明代

明式圆梗文椅

家具风格，把中国古代家具推向顶峰时期，这就是人们津津乐道的“明式家具”。例如被誉为江南四大才子之一的文徵明，除了诗画以外，他还与江南的工匠们共同参与家具的设计与制作，做出来的家具造型十分优美。

明式圆角柜

明式家具的种类十分丰富，涵盖了生活的各个方面，具体可归纳为：桌案类、椅凳类、床榻类、柜架类等。我国著名家具专家王世襄先生按造型和审美将明式家具分为十六品：简练、淳朴、厚拙、凝重、雄伟、圆浑、沉穆、浓华、文绮、妍秀、劲挺、柔婉、空灵、玲珑、典雅、清新。

清代的皇帝跟明代的皇帝不一样，清代的皇室是满族，他们信奉萨满教和藏传佛教。由于宗教信仰和对色彩的喜好，他们不是很中意那种简约风格的家具，更喜欢通过一些雕琢繁复、装饰华丽的家具来体现自己的身份和地位。在他们的影响下，清代的家具制作开始走上雍容华贵的路线。清宫廷召集大量全国各地的优秀工匠来京城服务于皇室，加之康雍乾盛世下的国家物阜民丰，很多名贵木材和珍宝都齐聚京城，为清式家具的制作提供了有利条件。清式家具的主要特征是：造型庄重，雕饰繁复，体量宽大，气度宏伟。

明式罗汉床

明式黄花梨楠木影子心方桌（恭王府藏）

清式交椅

清代的家具作坊多汇集于中国沿海地区，并以苏州、冀州（河北）、广东为主，形成全国三大家具制作中心，其制作的家具具有地域特色，被称为“苏作家具”“京作家具”“广作家具”。清

清式托泥圈椅

式家具的装饰图案多采用象征吉祥如意、多子多福、延年益寿、官运亨通之类美好寓意的花草、人物、鸟兽等，喜欢用雕刻装饰家具。北京故宫博物院收藏的清式家具，世界上任何一个国家的藏品都无可比拟，处处彰显皇家气派。而清代的著名王府——恭王府也收藏有清代王爷使用过的家具，均为清式家具的精粹。

清式紫檀嵌珐琅夔龙纹翘头案

到了民国时期，社会动荡不安，传统手工制造业陷入低迷期，传统家具的制作几乎停滞。1949 年中华人民共和国成立后，传统家具制作行业才得以慢慢复苏，通过一代又一代家具传人的守护、继承、发扬，传统家具在新时期焕发出新的活力。

清式嵌螺钿镶理石腰圆凳（恭王府藏）

中国最美的家具——明式家具

中国最美的家具——明式家具

明式家具及其产生的时代背景

江南，指的是长江中下游以南。以才子佳人、风景优美而著称的江南地区自然条件优越、物产资源丰富、经济繁荣发展。其中苏南地区土地肥沃、雨量充沛、交通便利、社会经济繁荣发展。“上有天堂，下有苏杭”，苏州自明代以来更是聚集了各行各业的能工巧匠，手工制造业发达，为明式家具的产生和崛起奠定了基础。

明代“江南四大才子”之一的文徵明不仅是一位杰出的文学家、书法家，还是一位画家。以他为代表的江南文人们多才多艺，很多人直接与工匠们一同参与器物

江南园林 苏州拙政园

文徵明画像

的制作，从而提升了当地手工艺制品的生产水平，这其中就包含传统家具制作。明式家具是我国明代至清代早期创制的以紫檀、花梨木等优质硬木为材料的家具样式的总称。因为明式家具的发源地在江南苏州、常州一代的苏南地区，所以习惯上又称明式家具为“苏式家具”。

明式家具被大众广泛认可，主要是由于明代江南的能工巧匠们不但制作器具，而且凭借着他们的聪明智慧对制作的器具不断加以改良。当地的文人画家们也根据自己的审美和艺术喜好去指导家具的设计。久而久之，江南的工匠和文人共同促进了家具朝着美观、实用和艺术的高度发展。于是，中国最美的家具——明式家具诞生了。

明式家具的种类及代表性家具介绍

明式家具是我国传统家具发展的一个巅峰，其家具的种类涵盖生活的方方面面，其中主要可分为桌案类、椅凳类、床榻类、柜架类和其他类。由于明式家具造型太多，本章节仅选取一些代表性的标准器型进行讲解。

●桌案类

一腿三牙罗锅枨方桌：此方桌用红酸枝木制成，桌面下的腿足之间有牙条，牙条下方的枨子中间凸起，形成中间高、两侧低的造型，称作“罗锅枨”。此桌无论是结构设计还是造型样式，都显示出一种简约之美。

| 一腿三牙罗锅枨方桌 |

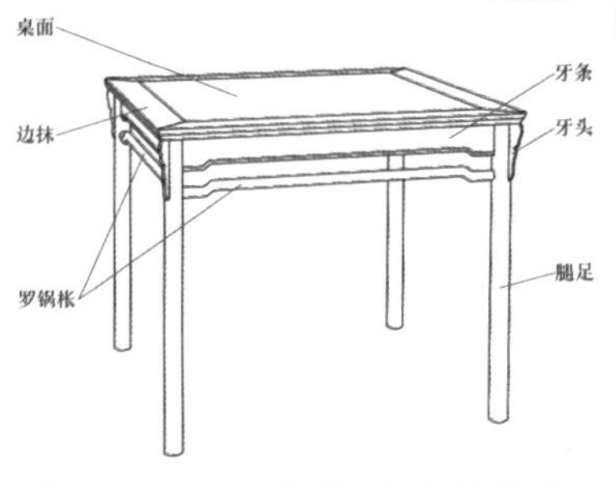

| 一腿三牙罗锅枨方桌结构名称图 |

刀牙板大画案：此案简约大气，牙板结构简单优美，犹如弯刀，其厚度较薄，故称其为刀牙板大画案。案面平整光滑，结构比例美观，四腿足均匀有力。

| 刀牙板大画案 |

夹头榫带托子翘头案：翘头案是一种较画案小的案子，由于案面的两端向上翘起，所以称作“翘头案”。夹头榫指的是它的腿足与桌面的连接部件用的是夹头榫卯结构。此翘头案的腿足底部有连接部件，叫作“托子”或“托泥”。其中由托泥和腿足围合的部分装饰的牙条样式是壶门券口牙子。整个翘头案轻盈灵活、优美典雅，

显得十分有气韵。

夹头榫带托子翘头案

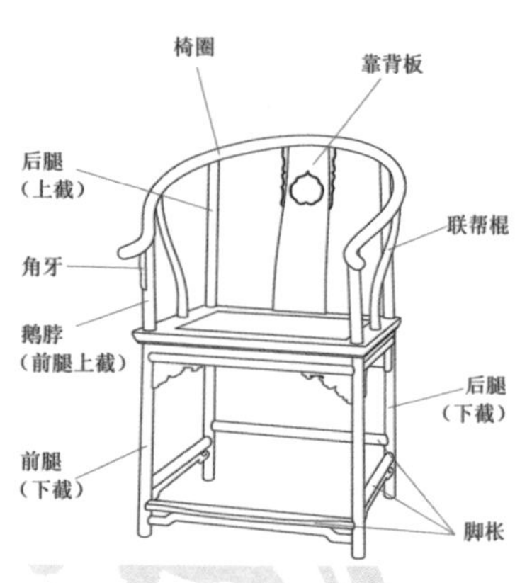

黄花梨圈椅结构名称图

●椅凳类

黄花梨圈椅：此圈椅用的是黄花梨木，弧形的靠背板符合人的背部脊椎结构，靠背板上面浮雕如意云头龙纹。它的座面比较特殊，富有弹性的藤编座面使人坐上去十分舒服。此椅四根腿足之间的枨子，前面低后面高，寓意“步步高”，这种结构也叫作“步步高赶枨”。

黄花梨圈椅（恭王府藏）

四出头官帽椅：此把椅子的靠背板呈“S”形弯曲，符合人体脊椎的生理结构。此外椅面左右两侧有扶手，因为靠背板上面的搭脑部件和扶手部件都出头，所以叫“四出头”。同时，在造型上，搭脑中间高两侧低，很像明朝的官帽，所以椅子又称“官

四出头官帽椅

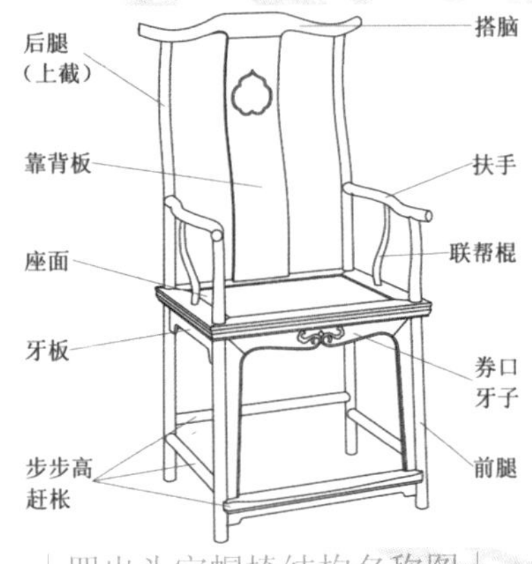

四出头官帽椅结构名称图

帽椅”。

黄花梨裹腿枨矮佬方凳：此方凳用黄花梨木做成，座面为藤编座面，四腿为圆柱形，座面下的腿足间用罗锅枨加矮佬的形式来固定。整个凳子简洁素雅，是明式家具的典型风格，不同材质间相互对比，使得艺术造型非常丰富。

黄花梨裹腿枨矮佬方凳（恭王府藏）

黄花梨裹腿枨矮佬方凳结构名称图

四开光坐墩：坐墩是古人常用的坐具，此坐墩因其外形像一面鼓，所以又称作“鼓墩”。此件作品座面和底座之间用四根腿足连接，镂出四个空洞，匠人称作“四开光”，此坐墩表面黝黑光亮，纹理优美细腻，有一种圆浑之美。

| 四开光坐墩 |

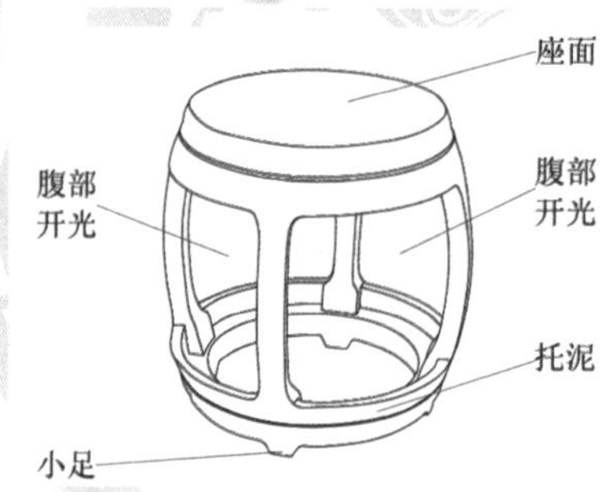

| 四开光坐墩结构名称图 |

●床榻类

黄花梨罗汉床：罗汉床是由榻逐渐演变而来的。此罗汉床座面是藤编座面。座面和腿足之间的部位向里收进去一些距离，犹如丝带勒紧，这种结构叫作“束腰”。束腰之下的牙条有浮雕卷草纹装饰。床的座面上部三面装有床围，床的腿足三弯显得优美。整个罗汉床造型简练、舒展，具有空灵的韵味，是明式床榻的典型代表。

| 黄花梨罗汉床（北京故宫博物院藏）|

黄花梨万字纹围子架子床：此架子床为黄花梨木制成，床面四角有立柱，上面

| 黄花梨万字纹围子架子床（北京故宫博物院藏）|

安顶架。正面另安装门柱，有门围子与角柱连接，所以又称“六柱床”。左右及后面装比较长的围子，围子以短木材攒接成“卍”字图案。根据非实物载体记录考证，架子床源于普通床榻上面竖杆遮帷幔演化而来。

圆角柜

●柜架类

圆角柜：此柜是明式家具柜架类的经典造型，圆角柜腿部装饰的牙条简洁朴素，柜门用一块木板对开，所以柜门显示的纹理看起来左右对称。打开柜门，里面分为三层，其中一层下面还有抽屉。一般情况下，这种圆角柜都比较小巧且大多是成对摆放。

插屏式座屏风

●其他类

插屏式座屏风：此件屏风的底座和屏风面可以分

开，用的时候直接将屏风面插在底座上面。屏风的底座和边框的木材显得比较厚重，但由于中间山水画四周打圈的镂空雕刻，整体又显得比较通透了，这种抽象的纹样似龙非龙，叫作螭纹。这件屏风展示了明式家具雕刻之精美、做工之精细。

衣架：此衣架上端的搭脑部分两端出头，并雕刻成雏凤祥云的图案，中间有冰裂纹装饰的部分非常漂亮，这个部分被称作“中牌子”。为了增加衣架的稳固，搭脑、中牌子及下部的横枨均安装有简易的托角牙，底座的两个墩子间有一定的宽度，还可以放置一些简单的物品。

衣架

黄花梨白铜活儿平顶官箱：官箱是古代官员出行时携带的文具箱，用于盛放笔墨纸砚等用具。另外，官箱还常用来盛放梳妆用品。此箱为黄花梨木做成，打开上面的平顶盖和对开两门，里面还有分装的抽屉，抽屉上面有白铜做成的面叶和吊牌。古代工匠常常把家具的铜构件加工称为“铜活儿”。

黄花梨白铜活儿四屉平顶官箱（恭王府藏）

独具特色的清式家具

独具特色的清式家具

皇宫里的作坊——清宫“造办处”

清代的造办处最初在故宫的养心殿，后来移至慈宁宫茶饭房及白虎殿后。造办处是清代内务府负责制造御用（皇家用）器物的机构。其具体职掌为：制造和贮存金银器、玉器、木器、漆器、铜器、珐琅及武器盔头等物。简言之，就是制作器物的指挥所，而硬木家具则是造办处木器制作的内容之一。

清式代表性家具

清代的家具继承了明式家具的诸多特点，但由于帝王的喜好等因素影响，又有其自身独特的风格，尤其是康熙、雍正、乾隆时期的家具，代表着典型的清式风格。

故宫养心殿

清代工匠进出内务府的腰牌

其中在物阜民丰的乾隆时期，清式家具的发展更是达到了顶峰，在此以后其发展速度就逐渐下降了。

清式家具和明式家具相比，整体不如明式家具那样朴素大方和优雅简洁，而是以注重装饰、厚重繁丽、富丽堂皇为标准，因而在艺术高度上比不上明式家具。但从另一个角度来说，由于清式家具以富丽、豪华、稳重、威严为准则，为达到设计的目的，多采用各种手段和尝试多种名贵材料及珍宝进行装饰。所以，清式家具也是中国传统家具的精品代表。

清式家具的产地主要有北京、苏州、广州三处。它们各代表一个地区的风格和特点，被称为清式家具的“三大作”。

●工艺“高大上”的京作家具

说起“京作”两个字，很多朋友会想到在北京制作。没错，北京不单是现在的首都，也是明清两朝的京城。能够代表京城特色，被冠以“高大上”称呼的就是京作家具了。

京作家具也称“京式家具”。它的形成主要受清代内务府造办处影响，所做的家具以造办处要求的家具为主，其主要服务对象是清代皇室和贵族。宫廷生产的家具在制作之前一般都要画出小样交给皇帝御览，皇帝同意后才能制作。这样做有两个原因：一是很多木材从广州等地运来，一车木料要辗转数月才能运到北京，沿途人力、物力的花费开销很大，每一块木料都不能随意处理；二是皇帝可以将家具做成自己喜欢的样式。

由于清代帝王召集了很多苏州和广州的家具工匠来北京制作家具，经过长时间的交流，京作家具在制作过程中逐渐融入“苏作”和“广作”的制作技艺，在审美上迎合了清代帝王和贵族王公的审美喜好，不但追求厚重的造型、庞大的体形，还注重适当的装饰和点缀，最终形成了雍容大气、绚丽豪华的“京作”风格。

京作硬木家具注重陈设效果，也适应了中国北方地区干燥的气候。京作硬木家具制作技艺在清代康熙、乾隆年间达到鼎盛，而到了嘉庆、道光两朝以后，清朝逐渐走向衰落，家具市场也随之低迷了。

在家具装饰上面，京作家具广泛借鉴了皇宫里面的古代铜器、金银器及石刻砖雕艺术上的素材并巧妙地用在家具上面。如清式京作家具经常使用建筑彩画上的夔龙纹、螭纹、青铜器上的饕

北京故宫博物院——明清皇宫

京作扇形南官帽椅

清式京作雕刻宝座

清式京作嵌珐琅方凳（恭王府藏）

餮纹等，还能够根据不同家具的造型特点，装饰不同的纹样，从而显示出古色古香、雍容贵气的艺术形象。

●造型秀气典雅的苏作家具

以苏州为代表的江南地区在明朝是文人才子的天堂。苏作家具指的是以苏州为中心的长江下游一带所生产的家具。苏作家具就是明式家具的典型代表。它以造型优美、线条流畅、用料合理、比例美观等特点和朴素大方的风格博得了世人的称赞。

但在清代雍正和乾隆时期，随着社会经济的繁荣发展，受统治者的喜好影响，加上社会风气逐渐转向奢侈，家具的制作风格急速向富丽、繁复与华而不实的方向转变。在这种情况下，明式苏作家具逐渐失去其主导地位，被后来居上的广作家具所超越。另一方面，最适合做明式家具的黄花梨木材也濒危了，所以能进入宫廷与官宦之家的苏作木器越来越少。

为了能够生存下去，苏州的工匠们开始吸收京作和广作家具的工艺特点，在家具装饰手法和花纹图案上不同程度地模仿京作和广作，但同时他们也保留和传承了苏作家具自己的一些榫卯结构等核心技艺以及典雅而秀俊的风格，最终成为独树一帜的“清式苏作家具”。

清式苏作家具的最大特点是精巧、简约、秀气。苏作家具的装饰常用小面积的浮雕、线刻、嵌木、嵌石等手法，题材多取自历代名人画稿，以松、竹、梅、山石、花鸟、山水、风景以及各种神话传说为主，其次是使用传统纹饰如海水云龙、海水江崖、二龙戏珠、龙凤呈祥、

清代徐扬《姑苏繁华图》中的苏州城

清式苏作嵌大理石雕刻中堂家具组合

苏作家具琴桌、凳组合

苏作家具组合性代表家具七巧桌

苏作牛角太师椅

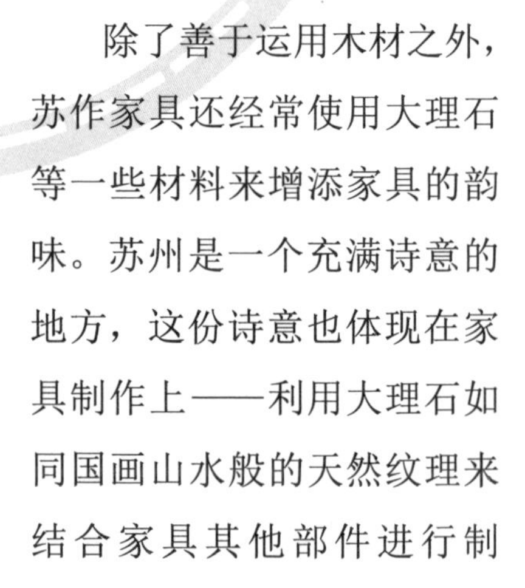

苏作瘿木围板嵌大理石狮爪榻

折枝花卉、灵芝仙草等，有明显的吉祥寓意。

除了善于运用木材之外，苏作家具还经常使用大理石等一些材料来增添家具的韵味。苏州是一个充满诗意的地方，这份诗意也体现在家具制作上——利用大理石如同国画山水般的天然纹理来结合家具其他部件进行制作，如经常将大理石打磨成片，或圆形，或方形，用在椅子的靠背板和桌面上。

●浓郁西洋风情的广作家具

广作家具是清式家具中最为突出的一个种类。广州地处我国南部沿海，是中国连通世界各国的重要港口城市。明末清初，广州一带的海外贸易相对繁荣，加上广东又是名贵木材的重要产地，南洋其他各国的优质木材也多从广州口岸进关，因此制作家具的材料比较充足。

清朝康熙和雍正年间，清帝国严禁西方各国进入中国进行商业贸易活动，唯有西方传教士除外。这些传教士将西方的先进科学技术以及一些艺术品如油画、钟表等带入中国。例如清代的康熙皇帝就非常喜欢西方传教士带来的测量仪器，乾隆皇帝也非常喜欢西方传教士带来的礼物，还让西洋的画家郎世宁、王致诚等人在宫廷画院做官。

久而久之，广州这个地方成了中国文化和西方文化交流的一个重要城市。在传统家具制作上，广州的家具在设计和制作方面都深受西方艺术风格的影响，家具明显有西洋的风格特点。同时，

广州西关大院图画

由于乾隆皇帝召集了很多广州的工匠前往北京，同北京的工匠一道设计皇宫和园林的建筑以及里面的家具。广作家具便是在这样一种环境下形成的。

广作家具也称“广式家具”，其独特的风格和特点使其自成一派。广作家具有以下明显特点：

首先，做家具时使用木材很多，行话叫“用料硕大”。因为广州离东南亚各国很近，很多木材很方便就能运到广州，所以广州的工匠们没有苏州工匠那样“惜木如金”。例如家具的腿足、立柱等主要构件不论其弯曲度有多大，都几乎不采用拼接做法，而是直接用一整块木料做成。至于家具的其他部位也是大体如此。广作家具讲究木材的一致性，大多使用同一种木料做成。通常所见的广作家具，或紫檀，或酸枝，皆为清一色的同一木质，绝不掺杂其他木材。而且广作家具经常不加漆饰，使木质纹理完全裸露。

其次，广作家具上面有

清式广作酸枝木嵌螺钿炕桌（恭王府藏）

很多雕刻。广作家具喜欢在装饰图样上进行不同程度的雕刻。其装饰花纹雕刻深浚、刀法圆熟、磨工精细。其雕刻风格在一定程度上受到西方建筑雕刻手法的影响。雕刻花纹隆起较高，个别部位近乎圆雕，加上磨工精细，使得花纹的表面莹滑如玉，丝毫不露刀凿的痕迹。虽然雕刻较深，但用手触摸的时候，却有圆滑的感觉。

广作家具的装饰也受到西方文化艺术的影响。明末清初，西方的建筑、雕刻、绘画等技术经常为中国所应用。自清代中期，宫廷建筑模仿西方的风气很是兴盛，如北京的圆明园，其中不少建筑从外观到室内的装修，都是西洋风格。为了满足皇帝的喜好，清宫每年除了从广州定做、采办大批家具外，还从广州挑选一些优秀的工匠到皇宫，为皇家制作与建筑风格相协调的中西结合风格家具。说起广作家具的雕刻装饰花纹，最有名的就是具有西洋风格的“西番莲”纹样了。这种西式花纹通常是一种形似牡丹的花纹，线条流畅、变化多端，可根据不同器物的形状而随意伸展枝叶，其特点是，通常以

|清式广作紫檀雕花椅（北京故宫博物院藏）|

一朵或几朵花为中心，枝叶向四外伸展，且上下左右对称。如果将其装饰在圆形家具如坐墩上，则很难分辨出它们的首尾。除了西洋花纹，广作家具也有相当数量的传统纹饰，如云纹、海水云龙纹、凤纹、折枝花卉纹，此外还经常使用葡萄藤等一些纹样。

清式广作嵌螺钿镶大理石架子床（恭王府藏）

除了上面介绍的，广作家具的镶嵌艺术也很发达。其中镶嵌材料有象牙、珊瑚、翡翠、珐琅、贝壳、螺钿等。镶嵌的内容多以山水风景、花卉植物为题材。

清式广作五代同堂菩提床

如何让木头变成家具——传统家具的制作

| 如何让木头变成家具——传统家具的制作 |

要做一件精良的家具，不单单需要优质的木材、制作匠人们娴熟精湛的技艺，更需要有独到的艺术眼光和坚韧的耐心。

| 黄花梨木材材质 |

珍贵而濒危的木材——中国古代四大名木

说起制作传统家具的那些木料，最有名的当属黄花梨、紫檀、铁力木和鸡翅木，它们并称为“中国古代四大名木”。这四种木材均属于硬木，是制作传统家具最好的材料。

黄花梨学名“降香黄檀”，俗称“降压木”，李时珍《本草纲目》中叫“降香”，其木屑泡水可降血压、血脂，其木材木质坚硬，纹理漂亮，是制作古典硬木家具的上乘材料。虽然降香黄檀容易成活，但极难成材，从一棵树苗长成一棵大树需要成百上千年的时间，所以早在明末清初，海南黄花梨木种就濒临灭绝。

紫檀有很多种类且生长速度缓慢，五年才增加一年轮，要八百年以上才能成材，硬度为木材之首，又被称作

“帝王之木”。

小叶紫檀多产于热带和亚热带地区，是紫檀中的精品，密度大、棕眼小是其显著的特点，且木性非常稳定，不易变形开裂。

小叶紫檀木材材质

铁力木又叫“铁梨木”，产于我国广东和广西，木质坚而沉重，心材淡红色，髓线细美，广泛用于传统家具制作上，极为经久耐用。

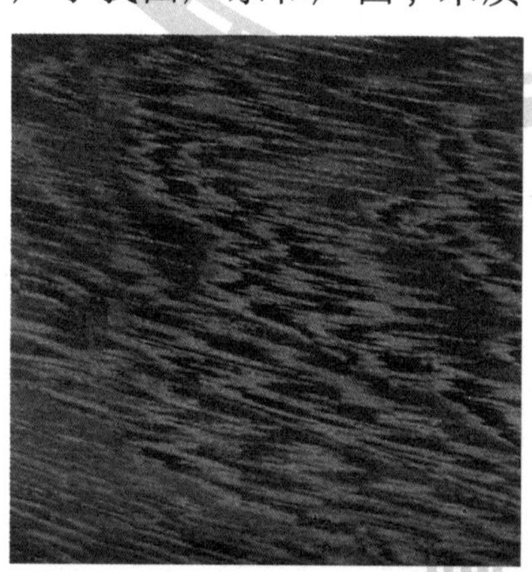
铁力木材质

鸡翅木又叫作“杞梓木”，因其木质纹理酷似鸡的翅膀而得名。清《广东新语》把鸡翅木称作“海南文木”，其中讲到有的白质黑章，有的色分黄紫，斜锯木纹呈细花云状。子为红豆，又称“相思豆”。唐诗“红豆生南国，春来发几枝。愿君多采撷，此物最相思”描绘的就是这个树种。

鸡翅木木纹优美、肌理细腻，有紫褐色深浅相间的蟹爪纹。尤其是纵切面，木纹纤细浮动，自然形成各种山水、人物、风景图案。与花梨、紫檀相比较又独具特色。

除了上述介绍的硬木，

鸡翅木材质

传统家具还经常使用楠木、酸枝、黄檀等木材。相较于普通木材，硬木的最大特点就是木材的密度高，所以用硬木做成的家具十分牢固，部件也不易折断。但是由于长时间的砍伐和过度开采，这些木材已经成为濒危木种。

聪明的鲁班和他创造的木工工具

鲁班，姓姬，公输氏，名般。又称公输子、班输、鲁般。春秋时期鲁国人。鲁班出身于世代工匠的家庭，

传统年画中的鲁班形象

从小就跟随家里人参加过许多土木建筑工程劳动，逐渐掌握了生产劳动的技能，并积累了丰富的实践经验。

鲁班是一位很有发明天赋的人，是古代的一位大发明家。很多古籍记载，木工使用的不少工具器械都是他发明创造的。比如传说他因手指被有锯齿的叶子划破而获得灵感，从而发明了锯。还有一些测量工具和木工加工工具据说也是他发明的，如曲尺（也叫矩或鲁班尺）、

墨斗、刨子、钻子等。这些工具的发明使当时工匠们的劳动效率成倍提高，土木工艺出现了崭新的面貌。后来，人们为了纪念这位名师巨匠，把他尊为中国土木工匠的始祖，即建筑和木工行业的“祖师爷”。

严谨而科学的家具制作工序

把木材做成一件家具需要很多步骤，我们称这种步骤为“工序”。经常听到工匠们说起的“第一道工序”“第二道工序”等就是指这个。不同的地区、制作不同的家具，甚至是不同的工匠师傅们制作家具所采用的制作工序都是不同的。但无论如何变化，一般都有一些必要的步骤，本节以传统苏作家具为案例进行家具制作工序的说明。

木工斧头（用于前期粗料加工）

锯（用于前期粗料加工）

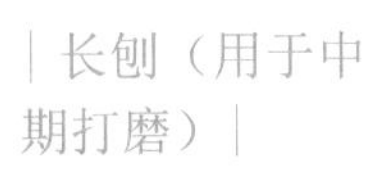

长刨（用于中期打磨）

木质敲锤及雕刻刀（用于后期雕刻塑造）

●设计

设计作为第一步，至关重要。由传统家具设计师根据经验和创意在图纸上画出

家具的形态。作为一名传统家具设计师，必须具备扎实的美术功底，对木材的材质、家具的形态、榫卯结构、制

| 设计——绘制家具图纸 |

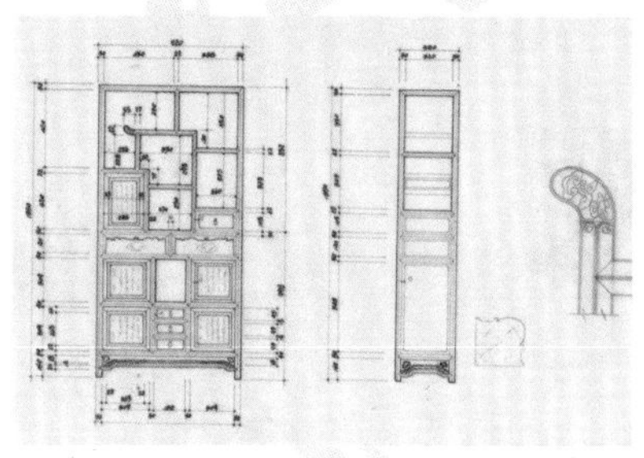

| 设计——家具图纸手绘稿 |

作流程和方法都能深刻理解和领悟，而且还要对传统纹样的运用做到寓意明确，才能在设计中继承传统的优点而合理进行创新。

●开料

一般情况下，在开料前要对木料进行干燥，木材越是干燥，越不易变形。相较于普通木材，硬木由于密度大，干燥后不易吸水。

开料是指木工们按照所设计的家具尺寸和木材要求去选择适当的木料进行初期

| 堆放的干燥木料 |

| 工人将木料推上机器 |

| 切割后的木材断面 |

核对木材尺寸

加工。切割后的木材面经过清洗会显示优美的木材纹理。苏州工匠惜料如金，通常根据切割要求在前期规划中最大限度地使用木材。

●开榫

开榫打卯是家具制作的关键一步，由于木料切割具有不可逆性。所以开榫的师傅要计算好榫眼的位置、大

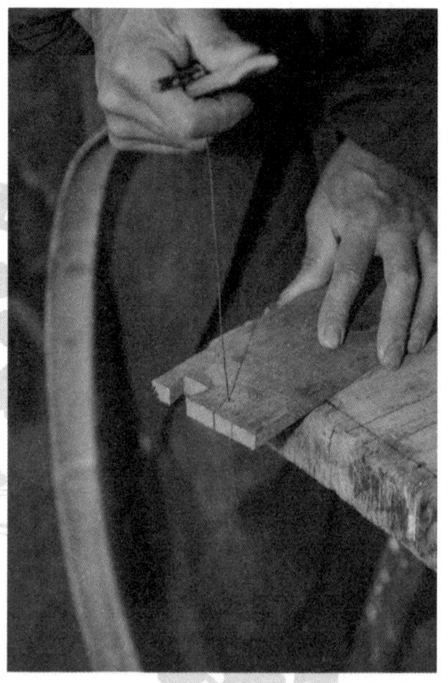

开榫 2

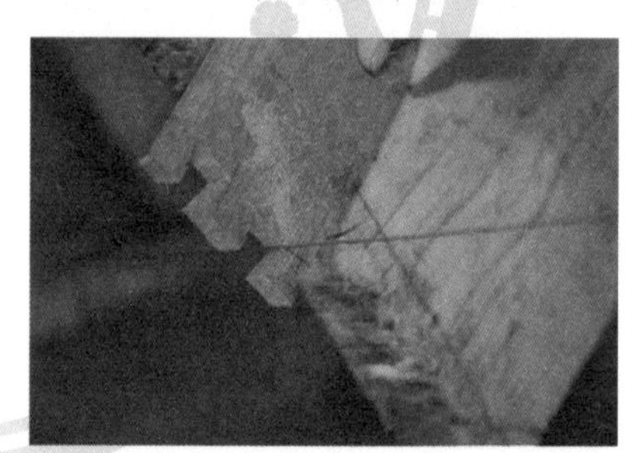

开榫 3

开榫 1

部件上的榫眼

小和深度。这是一个十分精细的活儿。如果榫开得大，就插不进卯眼里；如果开小了的话，这个部件就需要重新制作。因此师傅们都要非常精细地计算好，然后到了一定的程度后，慢慢打磨榫头和榫眼（即卯眼），直至完好地进行插接。

|浮雕——贴花纹|

●雕刻

传统家具上面的雕刻大致分为两种：浮雕和镂雕。

|浮雕——雕琢毛坯|

浮雕只是在物体的表面进行深浅不一的雕刻，即在家具表面进行雕刻。一般分为四个步骤：贴花纹、雕琢毛坯、修坯整形、整体刮磨。贴花纹是第一步，即先在白纸上画出所要雕刻的图案，然后拓帖在所要雕刻的木板上面进行描样。第二步是由雕刻师傅按照纹样，深浅不

|浮雕——修坯整形|

|浮雕——整体刮磨|

| 镂雕——镂雕拉花 |

| 镂雕——整体刮磨 |

| 镂雕——雕琢毛坯 |

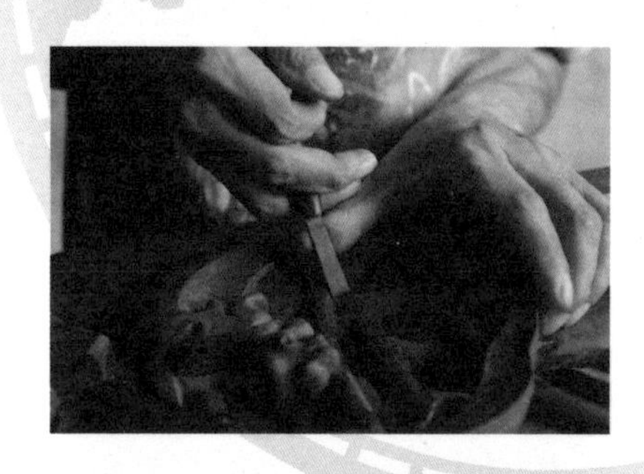
| 镂雕——修坯整形 |

| 镂雕——光膛子 |

一地进行雕凿，直至雕出整体的轮廓。第三步是进一步对雕刻的毛边和不平整的地方进行修整。第四步进行整体刮磨和一些小地方的修补，以达到所期望的雕刻效果。

镂雕比浮雕复杂，除了在表面雕刻外，还要更深入地对家具进行雕琢，使家具的艺术表现力更强。镂雕一般出现在椅子的靠背板、罗汉床的围子、衣架的中牌子等部位。

镂雕主要分六个步骤：实样拓帖、镂雕拉花、雕琢毛坯、修坯整形、光膛子、整体刮磨。每一个步骤都比浮雕的工艺复杂些，尤其是光膛子这一步，需要用不同大小的锉将雕刻较深的地方精磨，直至雕琢面光滑细腻为止。

●装配

装配，顾名思义，就是将家具的部件组合成一件完整的家具。看似很简单的过程，其实还是很有讲究的。尤其是一些家具的特殊榫卯结构，一旦装起来就很难再拆开了，所以其组装的时候必须按照固定的先后顺序。在这一过程中，需要师傅“软硬兼施”，例如有些榫卯插接需要借助锤子的力量，既要让榫卯完整插接，又不能用力过猛，同时，还需要借助一些固定器、绳线对家具进行加固和拉伸，使其结构匀称。

|装配 1|

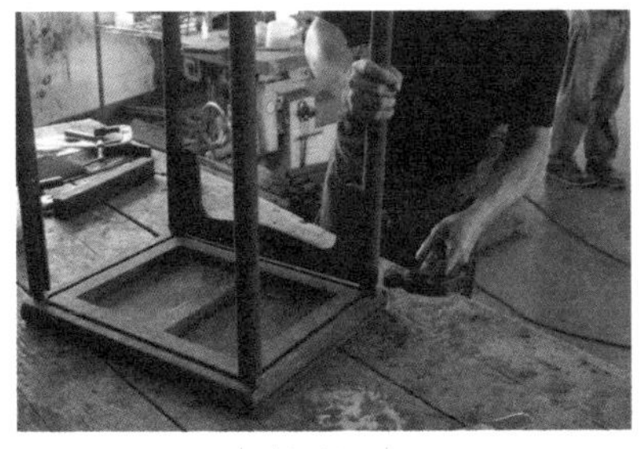

|装配 2|

●上漆

漆工工艺是苏作家具制作流程的特色工艺之一，也是我国古代家具史上的一门绝活儿。这里所用的漆不是我们生活中常见的油漆，而是从漆树上采割的生漆，因为这种生漆很容易引起皮肤过敏，所以漆工上漆的时候需要戴手套。漆工先对需要上漆的家具进行检查和用砂纸打磨，使其表面光滑，然后通过拌面漆、刮泥子、修色、多次揩漆、植物草皮打磨、推砂叶等十多道工序，才能打造出家具表面质感光滑细腻、光泽柔和文静的感觉。

上漆——修色

上漆——砂纸打磨

上漆——刮二道面漆

上漆——拌面漆

上漆——揩生漆

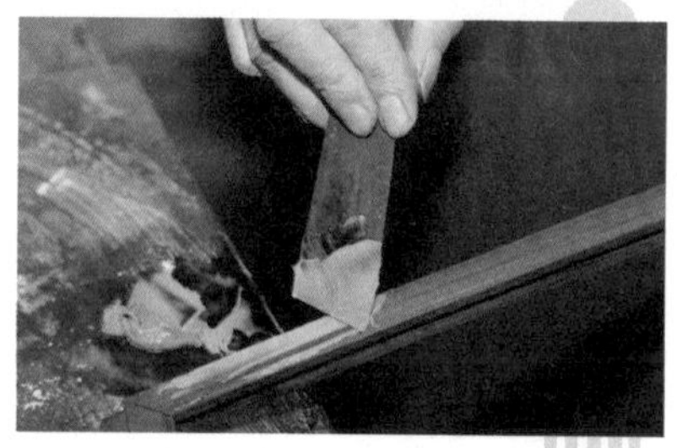
上漆——刮泥子

不用钉子的智慧——榫卯

不用钉子的智慧——榫卯

神奇的积木——鲁班锁

小朋友们小时候都玩过积木，用积木来拼搭成各种物体，如房子、小汽车等。但是我们今天介绍的积木就比较特殊了，这种积木非常考验智力，它叫鲁班锁，也叫孔明锁、八卦锁。

鲁班锁相传最初由鲁班发明，后在东汉末年由孔明将鲁班的发明做成了一种玩具。还有一种传说是，工匠鲁班为了测试自己的儿子是否聪明，就用六根木条制成一种可拼可拆的玩具，组合起来让儿子拆开，他的儿子费了一番周折才将其拆开，这就是鲁班锁。

这种需要经过一番周折才能拼装的鲁班锁，外观是严丝合缝的十字立方体，内部其实是一种称为榫卯的拼接结构，用来拼插器具内部的凹凸部分，使其按照一定的顺序和方式完美组合。这种玩具是流传于中国民间的

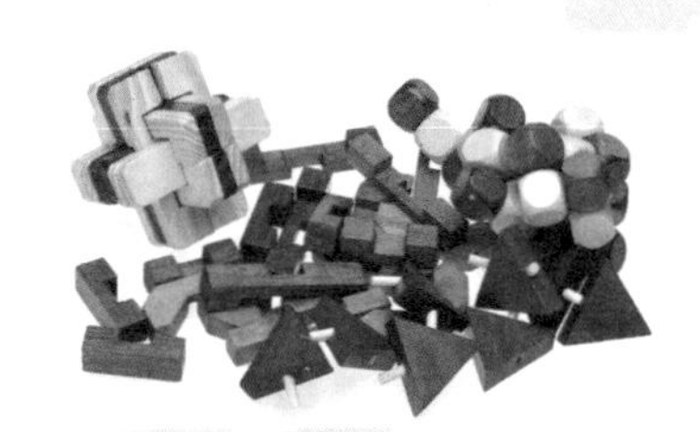

各种样式的创意鲁班锁

十字形鲁班锁

智力玩具，对开发大脑智力、灵活手指有很大的益处。

什么是榫卯

传统家具的各个部件以一种特殊的方式拼接在一起，而不使用一根钉子就能完美组合，这种奥妙究竟在何处？让我们一起去深入探索一下。

其实，当我们去拆卸那些家具就会发现，传统家具部件与部件之间都采用了一种特殊的结构，从而不使用钉子也能将其牢牢固定在一起，我们称这种相互连接的结构为“榫卯”。

榫卯，是指在两个木构件上所采用的凹凸结合的连接方式。凸出部分称榫（或称榫头、榫舌），凹进部分称卯（或称榫眼、榫槽）。榫卯结合起到部件间的连接作用，是中国古代建筑、家具及其他器具的主要结构方式，以“组合简单明确，合乎力学原理，美观实用并驾”而著称。

传统家具中榫卯的创造无疑更让人为之惊叹。榫卯的设计完全是匠人凭借其高超的智慧、丰富的经验，根据家具的不同结构形态、材质以及不同的接合方式等探索创造出来的。

传统家具中常见的榫卯

几种代表性榫卯的说明及图例：

楔钉榫

挖烟袋锅榫

夹头榫

云型插肩榫

方材丁字形结合榫

圆香几攒边打槽

抄手榫

方材角结合床围子攒接万字

三根直材交叉

粽角榫

楔钉榫，又名销钉榫，别名钥匙榫，是连接弧形材常用的榫卯结构。它把弧形材截割用上下两片出榫嵌接，再在中部插入平行四边形的楔钉，能使连接材上下、左右不错移和紧密地接合连成。

挖烟袋锅榫是古典家具制作中的一个榫卯衔接手法。

挖烟袋锅榫的主要用途就是连接椅子的搭脑和后腿，挖烟袋锅榫做得好不好直接关系到椅子的使用期限。苏州地区造的明式椅子(灯挂椅)，此处多用挖烟袋锅榫。

夹头榫大约出现在晚唐、五代之际，高桌上开始使用，是匠师们受到大木梁架柱头开口，中夹绰幕的启发而运用到桌案上来的。到了宋代，夹头榫被广泛使用，它实际上是连接桌案的腿子、牙边和角牙的一组榫卯结构。

插肩榫也是案类家具常用的一种榫卯结构。腿子在肩部开口并将外皮削出八字斜肩，用以和牙子相交，这种榫卯就是插肩榫。插肩榫用在案的腿足和案面的衔接部分，不但结构合理，而且易于雕刻装饰。

打槽装板的榫卯如圆香几攒边打槽，经常用于圆形香几的几面和底部托泥上，通常把三个或四个弧形材通过榫卯槽攒接成圆形，故此得名。

此外，还有抄手榫、方材角结合床围子攒接万字，是用于直材的交叉转折，里面的很多结构都充满着奇思妙想的创意。

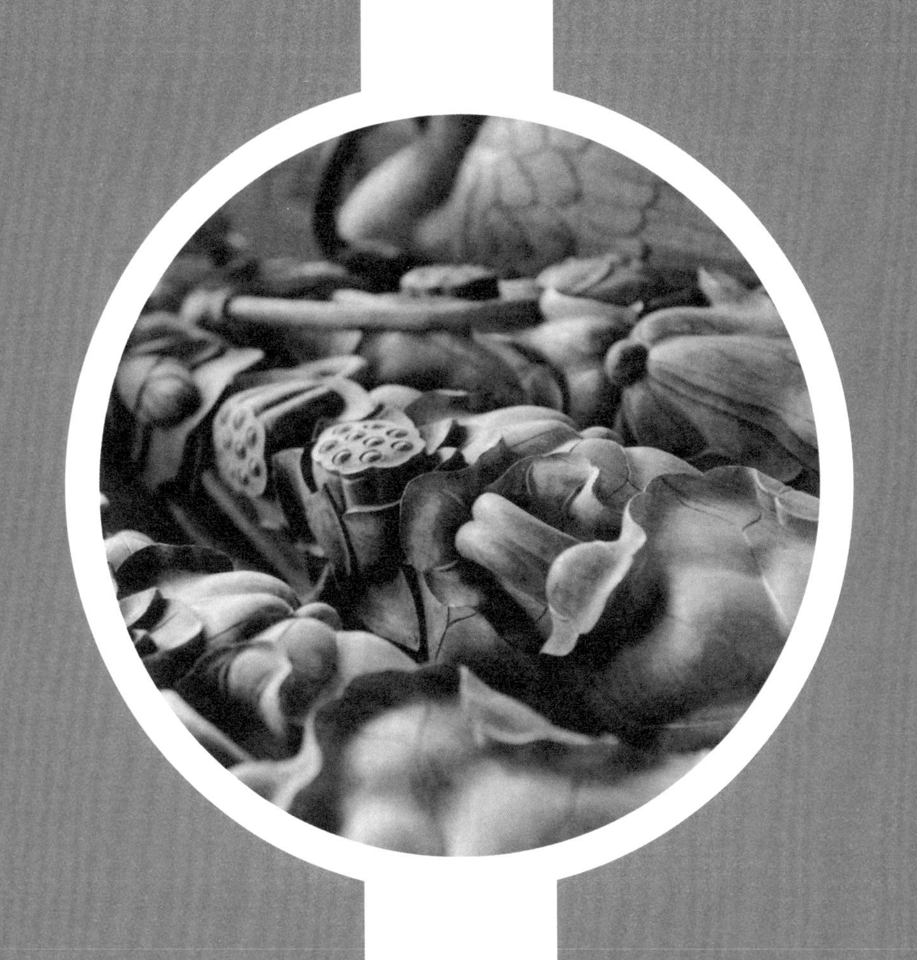

家具上的漂亮纹饰

家具上的漂亮纹饰

为了家具的美观，增加其艺术效果，大多数传统硬木家具都雕刻有漂亮的图案，这些图案被称作“纹饰”。这些纹饰根据内容和形象可以分为三个种类，包括花卉草木纹、几何图形纹、龙凤异兽纹。其中以花卉草木类装饰纹样为最常见。

花卉草木纹饰

牡丹纹：在中国，牡丹为富贵之花，也是中国的国花，中国人多以牡丹花象征吉祥富贵和繁荣昌盛。周敦颐《爱莲说》记：“牡丹，花之富贵者也。”牡丹纹花形饱满、绮丽多姿，在传统纹样中被广泛使用。

靠背板上的浮雕牡丹纹

兰草纹：兰花也是中国传统的一种名花，以清香著称。兰花及草素而不艳、亭亭玉立。古人常把兰花与梅、竹、菊一并比喻成花之“四

靠背板上的浮雕兰草纹

君子”。匠人经常将兰花作为一种象征吉祥寓意的符号用在艺术作品当中。

荷花纹：荷花又称莲花，也是我国传统花卉，象征着纯洁、不染。家具中的荷花纹样雕刻特别能彰显匠人的手艺水平，荷叶的宽大和卷曲，花朵以及莲蓬的堆叠层次，都需要匠人在雕刻前就有清晰的思路，一花一叶都可寻根探源，使图案呈现自然而优美的效果。

| 家具上的荷花纹雕刻 |

| 家具上的灵芝纹雕刻 |

灵芝纹：灵芝原是一种名贵药材，由于数量稀少，得之不易，被视为仙草，见到灵芝则被视为祥瑞的征兆。灵芝纹也因有象征福寿的意义而为人们所喜爱，是传统家具中常用的装饰纹样。

几何图形纹饰

明清时期传统家具上的几何图形纹饰主要有万字纹、冰裂纹、锦纹等。

万字纹：这里说的万字是一种符号“卍”。“卍”字在佛教中意为“吉祥之所集”，有吉祥、万福、万寿之意，所以经常被用到家具上面，很多明式罗汉床和架子床的围子图案，就是这种“卍”字纹。

| 万字纹 |

| 七巧桌上的冰裂纹 |

冰裂纹：冰裂纹本是源于中国古代的陶瓷烧造工艺中龙泉青瓷中的一个品种，其开裂的纹样如同冰面破裂，故此称其为“冰裂纹”。古人对冰裂纹又进行了一系列的艺术化处理，最终形成今天我们在古建门窗隔扇和传统家具上看到的几何纹饰。

此外传统家具还经常使用抽象的几何图案，主要有回纹、方胜纹、龟背纹等。

龙凤异兽纹饰

龙纹：龙是中华民族的图腾。龙作为神物的象征意义延伸了几千年。龙能兴云雨、利万物，使风调雨顺、丰衣足食。此外，龙还是美德、祥瑞和尊贵的象征。

历朝的宫廷家具都喜欢用龙纹来进行装饰，其中装饰最豪华的莫过于皇帝的金龙宝座了。在现在的北京故宫博物院“三大殿”（太和殿、中和殿、保和殿）正中的金漆雕云龙纹宝座就是最具典型的代表。

| 北京故宫博物院保和殿金漆雕云龙纹宝座 |

家具上的螭龙纹

除了常见的传统龙纹，家具上还经常用螭龙纹、夔龙纹等纹饰进行装饰。螭龙在神话传说中为水神，又叫作“蛟龙”。

凤纹：凤是古代传说中的神鸟，是羽虫之类中最美丽的，其形为鸿前鳞后、蛇颈鱼尾、龙纹龟背、五色俱全，飞时有百鸟相随，是百鸟之王。凤鸟纹具有象征美丽、吉祥的意义。

狮子纹：在中国传统中常把用于降魔驱邪、镇宅护法的狮子纹饰用在木雕等传统工艺上，其中最常见的就是成对狮子，分别为狮子滚绣球和太狮少狮。其中狮子滚绣球（一般指雄狮）是喜庆、权力和地位的象征，寓意“一统寰宇”，太狮少狮是子嗣不息的象征，寓意“千秋万代”。

狮子雕刻纹饰

家具上的木雕凤纹饰

那些人、那些故事——传承人，文化守护者

| 那些人、那些故事——传承人，文化守护者 |

北京“龙顺成”的“百年牢”家具

清代的北京城有数不清的店铺，有卖布匹的“八大祥”、有卖鞋子的“内联升”、有卖茶叶的“张一元”等，这里跟大家介绍的是一家生产家具的作坊，也是清末以来北京最为有名的木器店铺——龙顺成桌椅柜箱铺。

清朝道光年间，国家开始衰落。清宫造办处的制造活动也几乎停滞，从此许多工匠流落于民间，其中一部分便聚集在北京的东大市一带。清同治初年（1862 年），有一个之前在造办处服役的王木匠，在东大市路南同兴和硬木桌椅铺东开办了一个小作坊，取名“龙顺”，不但为宫廷继续制作和修理硬木家具，还将那些皇宫里的硬木家具做法融入民间家具

| 北京城永定门形象画 |

| “龙顺成”的老牌匾 |

龙顺成家具老照片

制作，开启了榆木擦漆家具之先河。后来有北京的吴姓和傅姓两家入股，将字号“龙顺”改名为“龙顺成”，成立“龙顺成桌椅柜箱铺”，从此“龙顺成”成了一个专门制作家具的商铺。

从清末直至1945年抗战胜利前夕，“龙顺成”的榆木擦漆桌椅成为享誉京城的名品。一般家境稍好的人家，无论是家具摆设、女儿的嫁妆、还是店铺里用的桌椅板凳，都以用“龙顺成”的产品为荣。虽然当时木器产品还没有商标，但“龙顺成”制作的家具都有自己的标记，在木器白茬制成后，将“龙顺成”字样刻在家具腿部的明显之处，或者将制作者的姓名或代号记在暗处，敷上漆皮，永不脱落。有这样的标记表示工匠对自己的产品负责，以提高信誉，同时也可以在发现质量问题时查出制作者姓名。据说有一次前门外一家饭馆的顾客因争执而打架斗殴，事后清点发现摔坏了不少桌椅，唯独标有“龙顺成”标记的桌凳除油漆有些碰损外，结构完好无损。“龙顺成”的“百年牢”声誉不胫而走。

其实作为清末以来北京最为有名的木器店铺，“龙顺成”因其较为完善的生产管理制度，以及对产品质量的重视，才为其产品赢得了“百年牢”的声誉。

中华人民共和国成立后，伴随着社会主义改造的时代浪潮，北京龙顺成桌椅柜箱铺、同兴隆桌椅铺、同兴和硬木家具店、义盛桌椅铺、六丰成桌椅铺、宋福禄木厂等大小35家生产传统家具的厂家于1956年公私合营，合并后仍保留“龙顺成”字号，厂名叫“龙顺成木器厂”，后在1966年改名为“北京市硬木家具厂”。现在的企业全称是“北京市龙顺成中式家具有限公司”。

2006年由龙顺成传承的家具制作技艺成功入选第一批国家级非物质文化遗产项目名录，正式将这门技艺确定为“家具制作技艺（京作硬木家具制作技艺）”。

| 龙顺成制紫檀雕蝠珠宝柜 |

| 龙顺成制紫檀扇面椅 |

重塑苏州园林里的经典家具

苏州以江南盛景而闻名天下，其风景秀美清丽，又以文人墨客的华丽篇章而闻名遐迩。苏州的拙政园依水而建，山水萦绕，亭榭雅致，花木繁茂，建筑精妙而飞檐雕花，长廊曲折而远近呈景，是江南古典园林的代表作品，也是苏州现存的最大的古典园林。拙政园不但具有浓郁的江南水乡特色，还承载了明清两朝兴亡的历史印记。

明朝正德年间，御史王献臣在苏州大弘寺原址的基础上将其拓建为园林，又借潘岳的《闲居赋》中 “灌园鬻蔬，以供朝夕之膳……此亦拙者之为政也”而给园林取名为拙政园。后又请吴门画派的文徵明为此园设计蓝图，于是形成了以水为主，疏朗清丽，自然之景的园林。

苏州拙政园

拙政园西南处有一所宅院，清代著名大臣李鸿章曾经在此居住，所以又称作“李宅”。经历了清末和民国的战争蹂躏，加上岁月的侵蚀和破坏，李宅的房屋几近损坏，原先李宅里面的家具也或损坏，或流失。到了宅院修缮维护之后，屋子里面竟是空空如也。

苏州红木雕刻厂的许建平先生是一个地地道道的苏州人，在苏州长大。由于许建平自小喜欢在苏州的园林中玩耍、读书，他和苏州的园林结下了深厚之缘。作为明式家具制作技艺国家级非物质文化遗产传承人，许建平先生曾说：“苏州园林的空间就是中国人诗情画意生活的最好典范，而里面陈设的家具就是当代苏作红木家具传承学习最好的老师。”

为了展现李宅辉煌的过往，重现当年李宅那些精美的家具，于是，拙政园李宅传统家具整体设计的宏大任务由许建平老师毅然担起。前后耗时十个月，许建平带领徒弟们一共打造了 89 款 170 件明清家具，重新再现了李宅当年的繁华和富贵，同时也为苏作硬木家具的传播做出了卓越的贡献。这些家具唤醒了沉睡百年的历史印记，在掀开岁月面纱的同时，也惊艳着世人。

李宅的苏作家具精雕细琢，巧夺天工，这是一场明清红木家具的艺术盛宴，诸多家具有着明的结构、清的元素。许建平老师用他的双

许建平

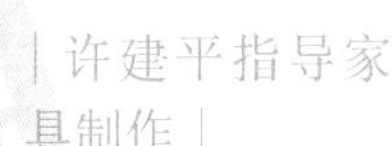

许建平指导家具制作

苏州拙政园李宅

李宅屋里复原的明式家具

| 花轿设计图稿绘制 |

| 许建平设计的李宅苏作花轿 |

手推开时光之门，跨越古今，传承了红木家具艺术。李宅无论大厅、轿厅、女厅、男厅，里面的家具都有许建平老师的手笔，小到古典雅致的储物盒、红木椅凳、精致巧妙的女子闺房玫瑰椅和小姐椅，大到婚嫁用到的梳妆台、轿子、架子床等。其家具上飞花镌刻，龙凤雕纹，精细的雕刻技艺传达了美好吉祥的寓意，生动地还原了昔日李宅大户人家的气派和高雅品味。

百年兴亡，时光浩瀚。游人置身于园中仿佛穿梭于历史的长河里，许建平老师还原了当时的家具艺术，透过这些家具仿佛能看到昔日名家们的身影，红木家具沉默地摆在面前，散发着历史的遗光，诉说着拙政园曾经的故事。

“耕酸堂”里的广作家具文化守护

刘伯浩，1955 年出生于广州一个木匠之家，现为广式硬木家具制作技艺市级传承人。

刘伯浩的父亲刘锦礼（1919-2011）也是木匠，18 岁就来到广州木雕家具工艺厂（前身为艺光、海天、耀华等木雕社，后合并成为广州木雕家具工艺厂）学艺。

在20世纪60年代，他曾到香港嚤啰街进行传统家具的维修及创作古玩底座和酸枝工艺品等。1967年，广州市二轻局重新招揽手工艺人艺匠，重塑广州轻工业，成立广州木雕家具工艺厂。刘锦礼重新回到广州继续从事家具制作，单位应允在刘锦礼60周岁龄满退休之前，提供一个学徒的职位给刘锦礼的子女或其亲属进单位进修家具制作技艺。

1973年，18岁的刘伯浩正式进入广州市木雕家具工艺厂学艺。起初，他只是负责一个工序的打磨技工，后来由于他性格开朗，做事高效，刻苦好学，不仅得到其直系师傅的欢心，更受到其他工序的熟手师傅的喜爱，教授他不同工序的核心技

刘伯浩

能，使刘伯浩逐渐成为一个全能型的技术人才。

20世纪90年代，由于广州木雕家具工艺厂从集体所有制向股份所有制转制，加上当时出口业务不断减少，木雕厂的业务开始不景气，刘伯浩决定自己下海创业，乘着改革开放的东风，他成立了“浩记工作室”，之后又创立“耕酸堂”品牌，开始静下心来细致钻研广作家具的历史及文化之精髓，不断提高其木雕工艺技术以及家具设计能力，为保护和传

| 广作菩提床 |

| 广作琴棋书画沙发 |

承传统广作家具的文化作出不懈努力。现如今，耕酸堂设计和制作的广作家具，不仅汲取了传统广作家具的精髓，而且加以设计创新，为大众所喜爱。2018 年举办的第五届中国非物质文化遗产博览会家具文房展厅中的广式（硬木）家具制作技艺版块展品全部为耕酸堂的作品。

结语

由于本书篇章有限，未能将传统家具的特点一一列出。但作为一名传统文化的守护者和继承者，传播中国优秀传统家具的文化内涵和学习古人的工匠精神是我们所必须要做的。也希望此书能给孩子们带来认知和审美的提高，让更多的青少年投入到传统文化的保护中来。

| 第五届中国非物质文化遗产博览会中展示的耕酸堂家具 |

图书在版编目（CIP）数据

家具 / 卢坤编著 ; 孙冬宁, 沈华菊本辑主编. --
哈尔滨 : 黑龙江少年儿童出版社, 2020.12（2021.8 重印）
（记住乡愁 : 留给孩子们的中国民俗文化 / 刘魁立
主编. 第十二辑, 民间技艺辑）
ISBN 978-7-5319-6502-2

Ⅰ. ①家… Ⅱ. ①卢… ②孙… ③沈… Ⅲ. ①家具－
中国－青少年读物 Ⅳ. ①TS666.2-49

中国版本图书馆CIP数据核字(2021)第002293号

记住乡愁——留给孩子们的中国民俗文化　　刘魁立◎主编
第十二辑 民间技艺辑　　孙冬宁　沈华菊◎本辑主编
家具 JIAJU　　卢　坤◎编著

出 版 人：商　亮
项目策划：张立新　刘伟波
项目统筹：华　汉
责任编辑：夏文竹
整体设计：文思天纵
责任印制：李　妍　王　刚
出版发行：黑龙江少年儿童出版社
（黑龙江省哈尔滨市南岗区宣庆小区8号楼 150090）
网　　址：www.lsbook.com.cn
经　　销：全国新华书店
印　　装：北京一鑫印务有限责任公司
开　　本：787 mm×1092 mm　1/16
印　　张：5
字　　数：50千
书　　号：ISBN 978-7-5319-6502-2
版　　次：2020年12月第1版
印　　次：2021年8月第2次印刷
定　　价：35.00元